Norman Alexis Colindres Pinoth

Creación Espiritual del REINO FUNGÍ

Norman Alexis Colindres Piñoth

Creación Espiritual del REINO FUNGÍ

CUENTOS

Editorial Académica Española

Imprint

Any brand names and product names mentioned in this book are subject to trademark, brand or patent protection and are trademarks or registered trademarks of their respective holders. The use of brand names, product names, common names, trade names, product descriptions etc. even without a particular marking in this work is in no way to be construed to mean that such names may be regarded as unrestricted in respect of trademark and brand protection legislation and could thus be used by anyone.

Cover image: www.ingimage.com

Publisher:
Editorial Académica Española
is a trademark of
Dodo Books Indian Ocean Ltd. and OmniScriptum S.R.L publishing group

120 High Road, East Finchley, London, N2 9ED, United Kingdom
Str. Armeneasca 28/1, office 1, Chisinau MD-2012, Republic of Moldova, Europe
Printed at: see last page
ISBN: 978-613-9-41145-0

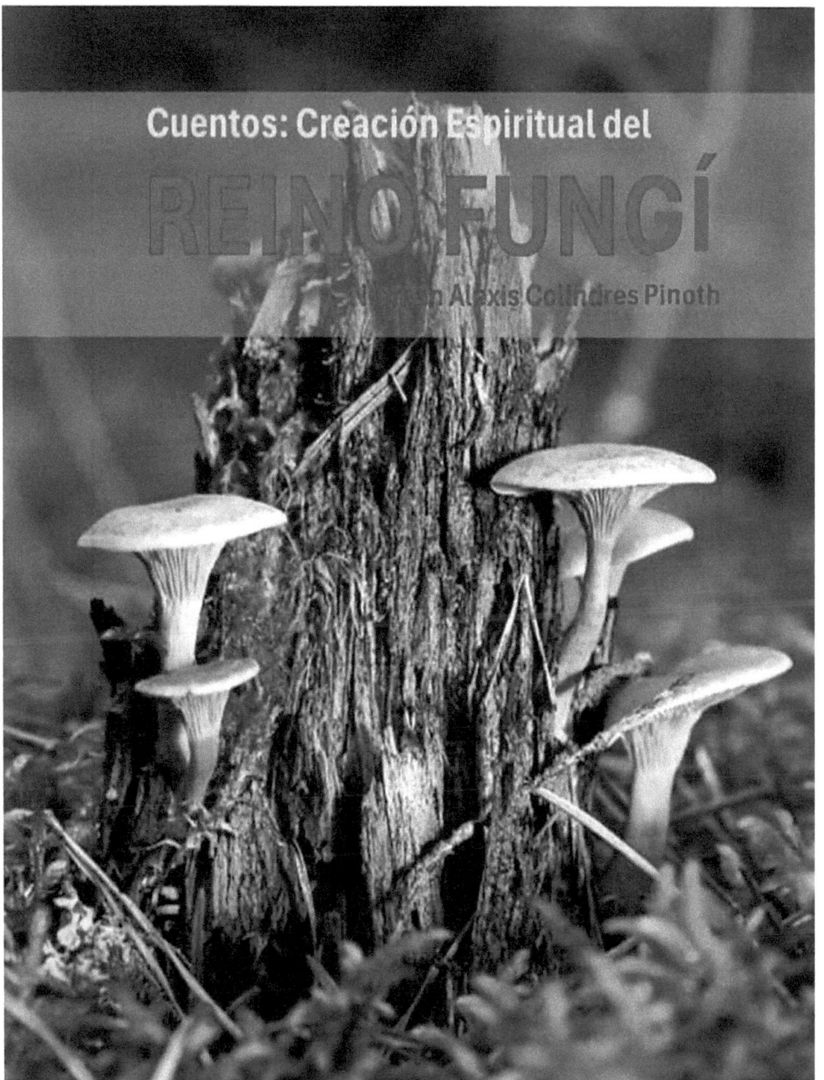

Cuentos: Creación Espiritual del
REINO FUNGÍ
Neftalín Alexis Colindres Pinoth

Dedicatoria

1

Con gratitud y humildad, dedico el tributo de **Cuentos: Creación Espiritual del Reino Fungí,** *a todas las personas que buscan comprender el vínculo sagrado que une al ser humano con la naturaleza y su creador. Los invito a explorar los misterios más profundos de nuestro ser para reflejar la armonía y concordancia con nuestros semejantes.*

Prólogo

*En el inmenso lienzo del universo, los brillos de las estrellas pintan la eternidad. Ahí se tejieron intrínsecamente los hilos de los **Cuentos Creación Espiritual del Reino Fungí**. La semilla de la vida fue depositada en tierra fértil, marcando el inicio de un viaje espiritual de veintiocho días de íntima comunión con los ciclos misteriosos de la luna y el sagrado tetraedro.*

Iniciando bajo la mirada tierna del novilunio, donde la semilla germina en la oscuridad y los brotes emergen anhelantes por alcanzar la luz de lo alto, este acontecimiento describe la creación en siete cuentos que muestran la evolución espiritual.

El viaje perenne a través del giboso creciente de la luna comprende siete cuentos en los que el espíritu se transforma y despliega sus retoños hacia el firmamento, con gratitud y reverencia a su creador. Posteriormente bajo el resplandeciente plenilunio el espíritu florece con todo su esplendor durante siete cuentos que llenan el paisaje de belleza y revelan la magnificencia de su gloria.

La jornada finaliza con el giboso menguante de la luna, a través de siete cuentos que sumergen el espíritu en introspección y conexión con el creador. Comprendiendo el propósito para el cual fuimos creados.

Reino Fungí

El reino fungí[1], también conocido como reino de los hongos, es un grupo diverso de organismos eucariotas que son distintos del reino Plantae (plantas) y del reino Animalia (animales) en varios aspectos fundamentales. Para conocer el reino fungí se revelan las características siguientes:

Son organismos eucariotas que conservan células con núcleo y otros orgánulos membranosos. A diferencia de las plantas, los hongos no realizan fotosíntesis, por no poseer clorofila. En cambio, obtienen su energía y nutrientes mediante la absorción de materia orgánica y materia en descomposición (saprofitismo), parasitando otros organismos o estableciendo relaciones simbióticas.

Su estructura celular es una pared que contiene, un polímero de N-acetilglucosamina[2] que también se encuentra en el exoesqueleto de los artrópodos. La quitina proporciona rigidez y resistencia a la célula fúngica, diferenciándola de las paredes celulares de las plantas, que contienen celulosa.

Los hongos se distinguen del reino animal por no poseer sistema nervioso ni muscular, por lo cual no ingieren alimentos. En lugar de ello, liberan enzimas al entorno para descomponer materia orgánica y luego absorben los nutrientes. En comparación con las plantas, los hongos no realizan fotosíntesis por no poseer cloroplastos[3]. Además, los ciclos de vida y mecanismos de reproducción los realizan por esporas asexuales y sexuales.

Los hongos pueden habitar en una amplia variedad de entornos, desde suelos, bosques, ambientes acuáticos y urbanos. Algunos prefieren lugares húmedos y sombreados. Los hongos son esenciales en los ecosistemas, para descomponer la materia orgánica y reciclar los nutrientes vitales en el suelo.

Existen muchas especies de hongos comestibles, como el champiñón (Agaricus bisporus), el shiitake (Lentinula edodes) entre otros. Estos se cultivan y cosechan por su valor

---

[1] *Morfologías y estructuras de los hongos. https://core.ac.uk/download/pdf/52479411.pdf*

[2] *N-acetilglucosamina es amino-monosacárido, en que un grupo -OH de carbono 2 del azúcar ha sido sustituido por un grupo -NH2; este grupo amino sufre una posterior acetilación por incorporación de un grupo acetilo (-CO-CH3)*

[3] *Los cloroplastos forman parte de un conjunto de orgánulos denominados plastidios o plastos. Los plastidios poseen en su interior ADN con unos 250 genes. Los cloroplastos producen clorofila responsable directa de captar la energía de la luz*

nutritivo y culinario. Por otro lado, hay hongos venenosos que pueden ser extremadamente tóxicos para los seres humanos y animales.

Para entender la interacción de los hongos es necesario observar la simbiosis[4] o interacción biológica que efectúan dos organismos diferentes viviendo juntos en una relación estrecha, el hongo facilita a la planta la absorción de agua y nutrientes (particularmente fósforo), mientras que la planta proporciona azúcares y otros compuestos orgánicos al hongo.

Conociendo a profundidad la vida del hongo, se denomina como micelio[5] la cual consiste en una red de filamentos llamados hifas. Estas estructuras finas y ramificadas se extienden en el suelo, madera u otros materiales orgánicos, permitiendo al hongo absorber nutrientes. En algunos casos, el micelio puede persistir durante muchos años en crecimiento y expansión.

El Reino Fungí, es un grupo diverso de organismos que desempeñan roles cruciales en los ecosistemas como descomponedores, simbióticos y patógenos. Su estructura celular y la reacción simbiótica los distinguen del reino animal y vegetal. La presencia de quitina los vuelve superiores, para habitar en cualquier entorno de los reinos.

---

[4] *BIOLOGÍA; Asociación de individuos animales o vegetales de diferentes especies, sobre todo si los simbiontes sacan provecho de la vida en común.*

[5] *BOTÁNICA; Talo de los hongos, formado comúnmente de filamentos muy ramificados y que constituye el aparato de nutrición de estos seres vivos.*

Contenido

Dedicatoria *1*

Prólogo *2*

Reino Fungí *3*

I.   **Período novilunio del Reino Fungí** **7**

    1.   *Poder Perrechico* *8*

    2.   *Contienda final* *9*

    3.   *La fe de Rebozuelo* *10*

    4.   *Sabiduría Girgola* *11*

    5.   *La Astucia de Galerina* *12*

    6.   *Albedrio de Pardinun* *13*

    7.   *La Triada del Reino Fungí* *14*

II.   **Período giboso creciente del Reino Fungí** **15**

    1.   *Pensar, sentir y actuar de Porcini* *16*

    2.   *Asunción del rey Champiñón* *17*

    3.   *Equilibrio Lucidum* *18*

    4.   *Preceptos del Reino Fungí* *19*

    5.   *Frecuencias Shiitake* *20*

    6.   *Conexión de Agaricus* *21*

    7.   *Código Portobello* *22*

III.   **Período plenilunio del Reino Fungí** **23**

    1.   *Faro Matsutake* *24*

    2.   *Luz Cristata* *25*

    3.   *Hábito Birnbaumii* *26*

    4.   *Salto Cuántico de Involutus* *27*

    5.   *Armonía de Coprinus* *28*

    6.   *Gratitud de Coronilla* *29*

    7.   *Creación de Cortinarius* *30*

IV.   **Período giboso menguante del Reino Fungí** **31**

    1.   *Duda Amanita* *32*

    2.   *Apegos de Colmenilla* *33*

3.   *Tiempo del Reino Fungí* *34*

4.   *El peso del pasado* *35*

5.   *Raíces de Parasol* *36*

6.   *La imaginación de Shimeji* *37*

7.   *Dimensiones Gyromitra* *38*

Palabras de búsqueda **39**

Agradecimiento **40**

Sugerencias y recomendaciones **41**

Biografía **42**

I. Período novilunio del Reino Fungí

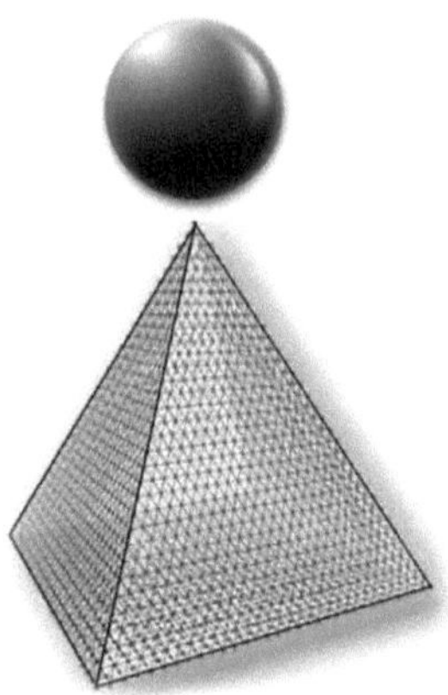

Cuando el novilunio filtra el denso bosque, una extraña atmósfera envuelve el Reino Fungí, las sombras cobran vida y los hongos emiten destellos de brillo espiritual, resaltando el equilibrio y la armonía de los sabios y entendidos envueltos en un silencio inmortal de la naturaleza. El enigma novilunio continúa intrigando a los habitantes del Reino Fungí, ubicándolo entre el sol y la tierra como un puente hacia el pasado o el futuro. Cada 21 días, la verdad puede ser descubierta en la densa oscuridad de la noche.

1. Poder Perrechico

En el vasto Reino Fungí, donde los hongos crecían esplendorosos y palpitantes de colores, vivía el Márquez Perrechico[6], un ser dotado de imaginación extraordinaria. Su mente era un huerto fértil donde cada idea y pensamiento florecía con intensidad.

Perrechico a temprana edad descubrió el poder de su imaginación[7]. Con ella, podía moldear su voluntad creando su propia realidad. Si enfocaba sus pensamientos en bondad y alegría sus días se llenaban de risas y armonía. Pero si permitía pensamientos oscuros, el caos se apoderaba de su vida.

El Márquez aprendió a controlar su imaginación como un maestro que doma una bestia salvaje. Se dedicó a cultivar pensamientos positivos[8] y constructivos, alimentando su mente con sueños de grandeza y realización. Además, nunca olvido el poder destructivo de la imaginación. Por eso mantuvo la disciplina y valentia para controlar su poder concedido.

En poco tiempo, el Márquez Perrechico se convirtió en un ejemplo del poder de la imaginación que a su vez podría ser una bendición o un anatema, dependiendo como la utilizaría. En el infinito Reino Fungí, la creatividad y visión positiva iluminaron la senda hacia un futuro brillante para todos.

---

[6] (Calocybe Gambosa). https://www.laumont.es/products/perrochico-fresco-granel
[7] "EL PODER DE LA IMAGINACIÓN" Las Claves Secretas del Éxito, Omar Hejeile. https://www.amazon.com/-/es/Omar-Hejeile/dp/9588391601
[8] "El monje que vendió su Ferrari" Robin Sharma

2. Contienda final

En el Reino Fungí, la vida florecía en una sinfonía de colores y formas, se gestó una oscura sombra que desencadeno una contienda entre las criaturas y creo un desequilibrio en el reino. Todo comenzó cuando una fuerza oscura, conocida como anti-micelio, sembró discordia entre los habitantes del reino. Su indigna influencia, hizo criaturas deformes[9] y pervertidas que esparcían el caos y la destrucción a su paso.

Esta fuerza amenazaba la destrucción física y espiritual del Reino Fungí. Con coraje y determinación el sabio Matsutake convoco a los guerreros a preparase hacia la batalla final contra las fuerzas de anti- micelio, sabiendo que el destino del reino pendía de sus manos.

El día más largo, se hizo presente en un torrente de violencia y magia, los habitantes del Reino Fungí luchaban valientemente contra las hordas de anti-micelio. Dio paso el novilunio oscureciendo el cielo, mientras que el suelo temblaba con el estruendo de la contienda. En el punto álgido de la contienda parecía que la oscuridad iba a consumir todo a su paso, de pronto surgió un rayo de luz en el horizonte, el giboso creciente de luz plateada iluminaba el reino y repelía la esencia de las fuerzas oscuras.

Inmediatamente los reyes restablecieron su poderío y los habitantes renovaron su determinación y redoblaron sus esfuerzos. Con valentía y sacrificio, lograron repeler a las fuerzas de la oscuridad[10], consignándolas en las profundidades del cosmos. La contienda final[11] se consumó, el Reino Fungí emergió victorioso. Aunque habían sufrido pérdidas y devastación, los habitantes del reino se unieron en solidaridad y determinación para reconstruir lo que habían perdido y fortalecer las defensas contra futuras amenazas.

---

[9] Libro de Enoc" La Rebelión de los Ángeles, Fernando Klein. https://www.casadellibro.com/libro-libro-de-enoc-la-rebelion-de-los-angeles/9788495593344/1184312

[10] "Las Fuerzas Oscuras, Reloj Cósmico que Amenaza la Humanidad". Vicente Cassanya.

[11] "La Batalla Eterna Entre El Bien Y El Mal" Como saber si tu familia es víctima de esta guerra. María Romero.

3. La fe de Rebozuelo

Entre los frondosos bosques y prados salpicados de hongos, vivía el valiente Duque Rebozuelo[12], distinguido por su armadura reluciente, con su espada afilada, era conocido como el guerrero más intrépido de todos los tiempos. El Duque no solo destacaba por sus destrezas en batallas, sino por su profunda fe[13] en el Creador del Reino Fungí. Desde temprana edad conoció el camino de la justicia y ahora nada podría detenerlo.

El coraje y la fe eran aliados invisibles del Duque Rebozuelo, quien defendía el reino de invasores perversos y exploraba territorios desconocidos. Sus decisiones eran sabias y sus acciones benevolentes. No importaba cuán desafiante fuera la tarea, él siempre encontraba una solución exitosa en todo lo que emprendía.

El Duque Rebozuelo, se convirtió en un símbolo de esperanza e inspiración para todos los habitantes del Reino Fungí. Su leyenda vive de generación en  generación, recordando a todos que con valentía, fe y bondad se pueden superar los desafíos más grandes de la vida. Si hoy el Duque Rebozuelo siguiera luchando por la justicia y bienestar sin duda alguna la fuerza suprema[14] lo seguiría acompañando.

---

[12] *Cantharellus cibarius. https://lacasadelassetas.com/blog/rebozuelos-las-setas-amarillas/*
[13] *Es la certeza de lo que se espera, la convicción de lo que no se ve. Hebreos 11:1. Reina-Valera 1960*
[14] *Josué 23.10-11 Biblia Reina Valera 1960 (RVR1960)*

4. Sabiduría Girgola

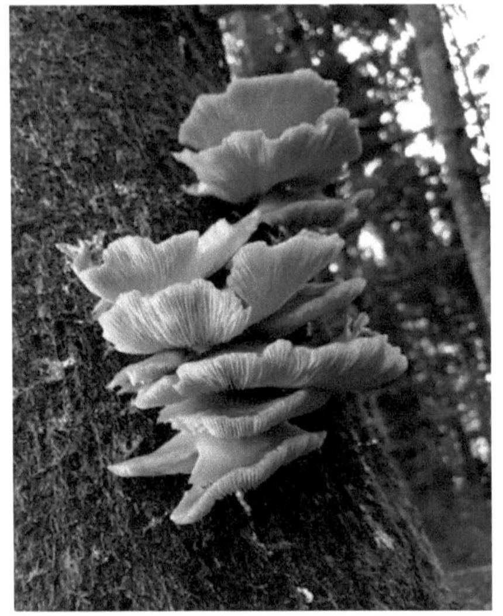

En el reino fungí, donde los bosques eran un manto verde de hongos y la vida palpitaba en cada espora, el príncipe Porcini se encontraba en un dilema. Anhelaba la bendición con mucho fervor, su deseo parecía esquivo, de pronto el ángel Girgola[15] descendió del cielo y le indicó una sabiduría milenaria: "Actúa como si ya tuvieras lo que deseas y el universo concederá tu favor".

El príncipe Porcini, recorrió el bosque buscando la bendición, se postró en meditación y clamó al Universo, más este no escucho ni concedido su petición. El ángel Girgola en voz suave y firme le dijo: "Porcini, para atraer lo que deseas, debes actuar como si ya lo tuvieras[16], el Universo es generoso y solamente responde a la determinación de fe".

Porcini inspirado en las palabras de sabiduría decidió seguir su consejo. Desde ese día, adoptó la actitud de un verdadero líder: confiado, valiente y decidido. Comenzó a tomar decisiones con firmeza, mostrar bondad a sus semejantes y a enfrentar los desafíos con coraje. Al paso del tiempo, su actitud comenzó a dar frutos. Los habitantes del Reino Fungí lo miraban con admiración, su determinación y bondad conquistaba corazones y mentes. Incluso aquellos que antes dudaban de su capacidad de gobernar ahora lo percibían como un líder digno y capaz.

El príncipe Porcini, encontró la bendición comenzó a actuar como si fuera el rey y no solo atrajo el trono, sino también el respeto y el amor de su pueblo. El mensaje del ángel se convirtió en un legado eterno muy recordado en el Reino Fungí, "Todo está disponible en el Universo, para aquellos que tienen determinación y fe".

---

[15] *Pleurotos ostreatus. https://fichas.infojardin.com/hortalizas-verduras/pleurotus-girgola-seta-comun-ostra-hongos-ostras.htm*

[16] *Como construir una vida plena abundante y feliz. El Secreto de Rhonda Byrne.*

5. La Astucia de Galerina

En el encantador Reino Fungí, vivía la Condesa Galerina[17], era admirada por su sabiduría y habilidad de liderazgo. Un día, se impuso ante el reino y decidió demostrar cómo hacer las cosas con menos esfuerzo y más inteligencia. Reunidos en la plaza central del reino la Condesa empezó a explicar con calma su vivencia.

"Queridos habitantes del reino, en tiempos de adversidad, debemos aprender a trabajar con astucia y eficiencia[18]. No siempre necesitamos emplear grandes esfuerzos, para alcanzar nuestros objetivos". Seguidamente revelo la parábola del roble, cuando llega el invierno sus hojas se caen, en vez de luchar contra el frío, el roble se prepara para descansar y conservar su energía hasta la primavera. La clave está en pensar de manera creativa, planificar con anticipación y colaborar en equipo, para lograr con menos esfuerzo e inteligentemente el objetivo.

Las enseñanzas de Galerina se arraigaron en el corazón de los habitantes del reino, En poco tiempo aprendieron a enfrentar los desafíos con inteligencia y determinación. Gracias al liderazgo[19] visionario de la Condesa, el Reino Fungí prosperó como nunca antes, demostrando que, con menos esfuerzo y más inteligencia, se alcanzan grandes hazañas y se puede construir un futuro donde todos puedan vivir felices para siempre.

---

[17] (Galerina marginata), está presente en la Península Ibérica y que puede provocar intoxicaciones mortales.

[18] "El pequeño libro de la astucia" Lucas Bracco.

[19] "Liderazgo con visión y corazón" Dra. Barbara Flores Caballero. https://www.goodreads.com/book/show/200240537-liderazgo-con-visi-n-y-coraz-n

6. Albedrio de Pardinun

En el inmenso Reino Fungí, donde crecían robustos los hongos y susurraban historias de añejo, nació el Hidalgo Pardinun[20]. En un santiamén los cielos se iluminaron de luz refulgente y una voz resonante en el espacio anunciaba que el Hidalgo era bendito y que poseía libre albedrío[21].

A su corta edad, Pardinun demostró la capacidad para tomar decisiones en el reino hasta convertirse en rey. Su arma poderosa era el libre albedrío que, en lugar de seguir caminos trillados llenos de tradición, optó por estrategias audaces y visionarias. En lugar de ceder ante el miedo, optó por valentía y diplomacia.

El Rey Pardinun, enseñó a los habitantes de su reino el poder de decisión que posee cada ser vivo al momento de ser justo o injusto. Según sus obras la elipse de la existencia traerá consecuencias negativas o positivas a sus vidas, con determinación destructiva o fructuosa.

El reinado de Pardinun, no solo es recordado por sus victorias en combate, sino también por la sabiduría, compasión y respeto por la libertad de pensamiento de cada uno de los habitantes del reino. Su legado perdura hace millones de años, recordando el poder que tienen los habitantes en la elección de la desventura o la prosperidad.

---

[20] *Tricholoma: https://www.aranzadi.eus/buscador-micologico/ficha/1-1-003.02.13.04.14.00?from=gallery*
[21] *El libre albedrío o determinación libre del ser humano conlleva a dos condiciones espirituales.*
https://www.bibliatodo.com/versiculos-biblicos/realidad-espiritual/el-libre-albedrio

7. La Triada del Reino Fungí

En el antiguo Reino Fungí, donde los hongos se alzaban majestuosos y los ríos fluían con aguas cristalinas, la leyenda del arcángel Inocybe[22] era venerada por generaciones. Se decía que Inocybe, era un ser celestial y que había otorgado al consejero Matsutake la fórmula secreta que sostenía la esencia de la vida. Su profundidad descansa en tres pilares fundamentales: Creador, seres vivos y medio ambiente[23]. El secreto oculto invoca "Quien pudiese mantener el equilibrio de la triada, podrá vivir eternamente".

El consejero, custodió celosamente la fórmula de la vida, enseñando a sus sucesores la triada que contiene los pilares de la sociedad; La fe en el Creador del Universo, el respeto por los seres vivos y la armonía con la naturaleza. Sin embargo, un día, las fuerzas oscuras les enseñaron a los seres vivos a tener vanidad[24] y posesiones destruyendo la armonía de la naturaleza alejándose de su creador. Consecuentemente rompieron el mandamiento que sostenían la esencia de la vida.

En medio del caos y la destrucción, los reyes convocaron a una reunión de emergencia con los líderes místicos del reino, para repeler las fuerzas oscuras y proteger la fórmula que contiene la vida eterna. Fue un enfrentamiento épico, entre la razón y las fuerzas oscuras resueltas a prevalecer. Sin embargo, una luz brillante envolvió el campo de batalla disipando las sombras y llenando a los defensores del reino con una energía renovada.

Desde ese día, el Reino Fungí prosperó en paz y armonía, recordando siempre la lección que enseña la leyenda del arcángel Inocybe; Aquellos que mantengan la triada (Creador, Seres vivos y Naturaleza) tendrán equilibrio y vivirán felices para siempre.

---

[22] *Inocybe insinuata. https://picturemushroom.com/es/wiki/Inocybe_insinuata.html*
[23] *La nueva ciencia y humanidad a la postre están sembrando la esperanza de un mundo mejor. "Dios, El Hombre y La Naturaleza" José Francisco Peralta 2013.*
[24] *Eclesiastés 1. Reina-Valera 1960.*

II. Período giboso creciente del Reino Fungí

*E*s el momento de asombro y maravilla del periodo giboso creciente, cuando la luz derrama sobre el campo y el bosque del Reino Fungí. los hongos danzan, creando una sinfonía celestial que envuelve al reino con un abrazo de serenidad. Es la hora de la abundancia y de reflexionar sobre la conexión sagrada que existe entre los seres vivos, honrando la magia del novilunio y el cambio hacia el plenilunio, un ciclo que recuerda a los habitantes del reino la belleza y armonía que existe en todas las cosas.

1. Pensar, sentir y actuar de Porcini

En el extenso Reino Fungí, habitaba el príncipe Porcini[25], un joven hongo sabio y noble.

Porcini, a diferencia de muchos de su especie, no solo se preocupaba por el crecimiento y la prosperidad del reino, sino que también valoraba el equilibrio entre pensar, sentir y actuar.

Un día, mientras paseaba por los campos, el príncipe Porcini se encontró con un dilema. Un grupo de vecinos se encontraba en una disputa territorial. Algunos abogaban por la acción rápida y enérgica, mientras que otros preferían una solución pacífica y reflexiva. Porcini observó y reflexionó sobre el pensamiento racional y emocional al momento de tomar decisiones. Comprendió que actuar sin reflexionar las consecuencias serían conflictos innecesarios. También ignorar las emociones y actuar basado en la lógica podría llevar a resultados fríos y deshumanizados.

Porcini, convocó ambas partes a una conciliación. Escuchó atentamente sus preocupaciones y emociones, al tiempo que analizaba cuidadosamente las posibles soluciones. Finalmente, propuso un plan que combinaba la racionalidad con la empatía, buscando el beneficio mutuo y la armonía del reino. Los demandantes aprendieron que pensar, sentir y actuar[26] en equilibrio no solo conduce a mejores decisiones, sino a relaciones más fuertes de bienestar colectivo.

Desde aquel momento, el príncipe Porcini se convirtió en un símbolo de liderazgo en el Reino Fungí, recordando a todos que la verdadera grandeza reside en la integración armoniosa de la mente, el corazón y las acciones.

---

[25] Boletus edulis. Liefer. *https://www.lifeder.com/boletus-edulis/*
[26] *"El Poder del Triángulo Pensar, Sentir y Actuar"* Davis Sagrista

2. Asunción del rey Champiñón

Había una vez en el mágico Reino Fungí[27], donde los hongos y las setas vivían en perfecta comunión. Un día, sonaron las trompetas y tambores, anunciando la asunción del rey Champiñón. Bajo los rayos del sol en una plataforma de musgos se reunieron todos sus habitantes, para el magnánimo evento.

La corona de diamantes fue impuesta sobre la cabeza del rey Champiñón[28], quien fue ungido por su sabiduría y compasión hacia todos los seres del Reino Fungí. Con gestos de humildad el rey recibió la corona y se dirigió a la multitud con palabras de gratitud y esperanza.

"Apreciados habitantes del Reino Fungí", comenzó el rey Champiñón, su voz resonó en el bosque, "Hoy no solo se celebra la asunción, sino la unión del reino. Prometo gobernar con sabiduría y justicia[29], proteger la naturaleza, promover la paz y la armonía entre cada uno de nosotros".

El bosque resonó de aplausos jubilosos de hongos y setas, quienes juraron ese día lealtad al nuevo rey. Desde ese momento la tradición estampa una nueva era en el Reino Fungí, donde el rey Champiñón guio por la senda del amor y comprensión a todo su pueblo.

---

[27] El término fungí deriva del latín fungus que significa hongos. Portal Académico CCH.
https://portalacademico.cch.unam.mx/biologia2/caracteristicas-generales-dominios-y-reinos/reino-fungi
[28] El hongo mágico por P. Atthasampunna y S.T. Chang. https://unesdoc.unesco.org/ark:/48223/pf0000096806_spa
[29] 1 Reyes 3:9-15. https://www.bible.com/es/bible/127/1KI.3.9-15.NTV

3. Equilibrio Lucidum

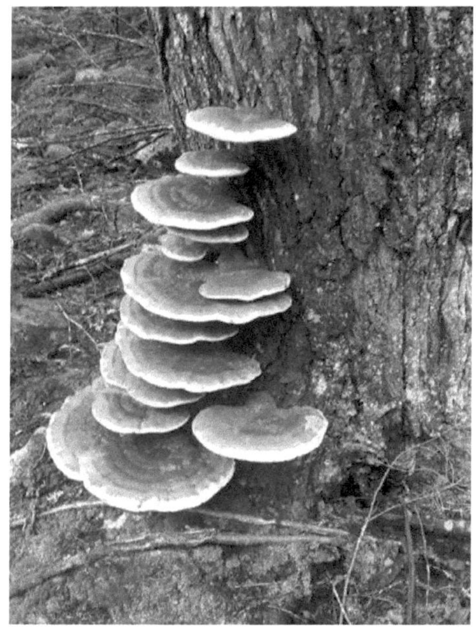

En el misterioso Reino Fungí, la vida celestial se conecta con la naturaleza, en una leyenda ancestral sobre el equilibrio sagrado. Un hongo llamado Lucidum[30], iluminaba las noches más oscuras del bosque y se consideraba el guardián del equilibrio cósmico entre el mundo terrenal y celestial.

Un día, un explorador del bosque llamado Valentín, se aventuró en busca del legendario Lucidum, desafió peligros, siguió la luz de una estrella, supero obstáculos y finalmente encontró a Lucidum, resplandeciendo en la espesura del bosque.

El explorador descubrió el secreto de Lucidum que consistía en la manifestación física del equilibrio entre el mundo terrenal y espiritual[31], cada espora que liberaba el hongo en el aire llevaba consigo la energía vital que mantenía la vida en todo el universo. Sin embargo, la leyenda describe que una fuerza oscura[32] buscaba perturbar el equilibrio sagrado. Era una criatura pervertida, conocida como anti-micelio, el cual acechaba en las sombras del bosque, ansioso por destruir a Lucidum y sumergir al mundo en caos.

El Valentín, juró defender a Lucidum contra todos los infortunios de la vida, con arrojo enfrentó la criatura pervertida expulsándola del Reino Fungí, para asegurar la continuidad del equilibrio cósmico. El fulgor de Lucidum continúo resplandeciendo en la oscuridad del bosque, recordando a todos los habitantes del reino la importancia de preservar el equilibrio cósmico y la protección de la naturaleza.

---

[30] *Ganoderma lucidum es conocido también como Lingzhi en China, y en Japón como Reishi ("Hongo Divino")*
https://bahiablanca.conicet.gov.ar/boletin/boletin29/index5d2e.html
[31] *Entre lo Espiritual y lo Terrenal, Ana Miro*
[32] *"Las Fuerzas Oscuras, Reloj Cósmico que Amenaza la Humanidad". Vicente Cassanya.*

4. Preceptos del Reino Fungí

En el apacible Reino Fungí, donde los hongos crecían y los elfos danzaban entre los helechos, el ángel Girgola descendió del cielo con un mensaje de luz y esperanza. El consejero Matsutake conocido por su prudencia y bondad, recibió al ángel[33] con reverencia.

El mensajero celestial le entregó un pergamino adornado con destellos de oro, que contenía los preceptos sagrados[34] de la convivencia armoniosa del Reino Fungí. El mensajero dijo con voz serena "Compártelos con amor y sabiduría, para que cada habitante encuentre la paz y armonía en su corazón y en sus acciones".

1- Honra a Dios y al Reino Fungí, promoviendo la prosperidad y la sostenibilidad de todas las formas de vida.

2- Protege el equilibrio, para preservar la biodiversidad y la salud del hábitat.

3- Honra la descomposición, devolviendo los nutrientes al ciclo de la vida.

4- Respeta la simbiosis y comprende que la interdependencia es esencial para la salud del ecosistema.

5- La pugna no es con seres vivos; sino con fuerzas oscuras denominadas anti-micelio, que destruyen la esencia de la vida y la armonía de la naturaleza.

Con paso del tiempo, gracias a la guía del consejero y la luz del ángel, el Reino Fungí se convirtió en un refugio de amor y entendimiento, donde cada ser viviente se esforzaba por seguir los preceptos divinos y así vivieron de conformidad para siempre.

---

[33]Personajes que han recibido visita de ángeles, su experiencia demuestra que vienen de parte de un ser supremo.
[34] Instrucciones o reglas que se dan o establecen para el conocimiento o manejo de un arte o facultad. Real Academia Española RAE.

5. Frecuencias Shiitake

En el Reino Fungí, vivía la princesa Shiitake[35], distinguida por su sonrisa y corazón generoso. Shiitake conocía la importancia de las frecuencias de emociones positivas las cuales eran esenciales para una vida plena y feliz.

Mientras paseaba por el reino, Shiitake se encontró con un joven hongo llamado Enoki. Quien estaba abatido y triste, la princesa le pidió al joven que le acompañara a un paseo por el bosque, mientras caminaban ella alegremente le mostraba la belleza del paisaje que los rodeaba; los colores vibrantes de las setas, el trino de júbilo de los pájaros y la suave brisa que acariciaba sus rostros. Inmediatamente Enoki comenzó a sentir una chispa de esperanza y regocijo en su corazón.

La princesa Shiitake explicó a Enoki que es natural experimentar emociones negativas, sin embargo, no debe permitir que dominen su vida. Por lo tanto, deberá de centrarse en experiencias positivas, cultivar la gratitud y la voluntad, para elevar las frecuencias emocionales[36] y crear una vida plena y satisfactoria.

Inspirado por las enseñanzas de la princesa Shiitake, Enoki decidió adoptar una actitud

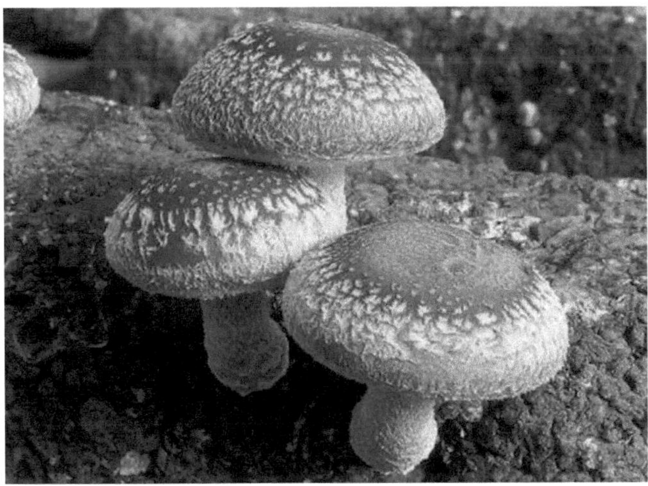

positiva hacia la vida. Desde entonces, Shiitake continuó siendo un faro de luz en el Reino Fungí, recordando a todos que cultivar emociones positivas son la clave para una vida llena de felicidad y satisfacción.

---

[35] SciELO. https://ve.scielo.org/scielo.php?script=sci_arttext&pid=S0798-02642017000300003
[36] "DEJA IR" El camino de la liberación Dr. David R. Hawkins.

6. Conexión de Agaricus

Había una vez en el Reino Fungí un venerable rey llamado Agaricus[37], cuyo espíritu estaba lleno de sabiduría y bondad. A pesar del poder que poseía, el rey Agaricus anhelaba la felicidad verdadera que emana de un ser supremo.

En una densa noche en el bosque, mientras contemplaba las estrellas el rey Agaricus se arrodilló y elevó una plegaria al Creador del Universo, implorando por una energía magnética[38] que le permitiera alcanzar la felicidad plena. Con el corazón lleno de humildad y esperanza, el rey Agaricus tuvo certeza que su solicitud había sido escuchada.

No se hizo esperar el Universo, el cual respondió a la suplica del rey Agaricus, pronto una descarga de energía envolvió y reconforto al rey llenándolo de paz y alegría.

El rey Agaricus comprendió que la felicidad verdadera no se encuentra en el poder, ni riquezas materiales; sino en la conexión con el Creador del Universo[39].

Desde ese instante, el rey Agaricus vivió cada día con gratitud y aprecio por la perfección del mundo que lo rodeaba, guio al pueblo con ecuanimidad y generosidad e inspiró a todos los habitantes del Reino Fungí a buscar la felicidad dentro de sí mismos y a reconocer la magia de la conexión con el Creador del Universo.

---

[37] *Reino Fungí: Morfologías y Estructura de los Hongos. https://core.ac.uk/download/pdf/52479411.pdf*
[38] *"Gestión Emocional" de Paloma Hornos. https://gestionemocional.com/magnetismo-personal-mirada/*
[39] *"Mi Conexión con Dios" de Marcelino Sojo. https://www.enlace.org/wp-content/uploads/2015/11/Mi-Conexion-con-Dios.pdf*

7. Código Portobello

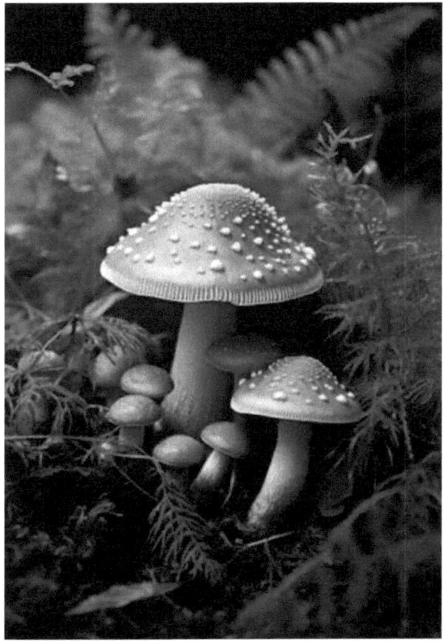

Había una vez en el Reino Fungí, un príncipe llamado Portobello[40] conocido por su espíritu audaz determinante e inquebrantable. Un día, mientras realizaba una misión en su reino tropezó y cayó en una trampa, dejada por los depredadores del bosque. Portobello se encontraba herido y atrapado en una situación iracunda. Sin embargo, en lugar de rendirse ante la adversidad, decidió recurrir a su código genético[41], para buscar una solución.

El príncipe concentró todas sus energías y se sumergió en un estado profundo de meditación[42], que conecto su interior con el Creador e invocó el poder celestial y le dio una orden a su código genético: sanar sus heridas y crear una realidad donde la liberación fuera posible.

Portobello comenzó a notar cambios en la regeneración de su piel, sus heridas sanaron a una velocidad increíble y fue restablecida su fuerza vital. La trampa que lo mantenía cautivo se desmoronó por completo quedando el príncipe fuera de confinamiento.

De inmediato el príncipe Portobello, fue rodeado por su ejército envueltos en una atmósfera de arrojo y asombro. Desde aquel momento su hazaña se convirtió en una leyenda de inspiración en todo el Reino Fungí, recordando a cada uno de los habitantes que el instinto de confiar en su código genético es para conectar con su Creador y de esa forma enfrentar cualquier desafío.

---

[40] *ABC en el Este, Periódico de Paraguay. https://www.abc.com.py/articulos/el-reino-de-los-hongos-361005.html#*
[41] *El código genético es el conjunto de reglas que define como se traduce una secuencia de nucleótidos en el ARN a una secuencia de aminoácidos en una proteína. NIH. https://www.genome.gov/es/genetics-glossary/Codigo-genetico*
[42] *"Meditaciones" El estoico Marco Aurelio nos presenta una experiencia fascinante que nos lleva a la autoexploración y la mejora continua.*

III.   Período plenilunio del Reino Fungí

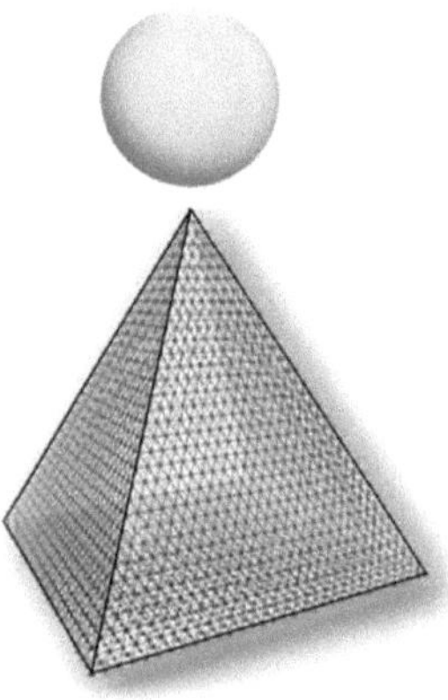

El plenilunio inspira asombro y reflexión en los seres del Reino Fungí. Cada 21 días, el poder de la naturaleza crea la expresión más intensa de sanación, meditación y conexión con su creador. Los habitantes del reino se congregan en una danza y brillan bajo la luz plateada, vinculando lo sobrenatural y haciendo tangible los límites entre la imaginación y el mundo real. Los sabios despiertan la ilusión y la curiosidad invade el corazón con un enigma que infunde fascinación y admiración.

1. Faro Matsutake

En la entrada del Reino Fungí, emerge un santuario sagrado rodeado de setas ancestrales, allí reside el venerable consejero Matsutake[43]. Este sabio es conocido por su profunda conexión espiritual, quien dedica su vida a honrar al Creador del Universo y guiar su comunidad con armonía hacia la luz.

Una mañana, mientras meditaba el consejero Matsutake, se sumergió en un profundo estado de introspección, descubrió que era un ser de luz y sintió el amor, la abundancia y la paz que fluían a través de él como un torrente de agua viva.

Consciente de su conexión con el Creador, el consejero comenzó a manifestar energías sagradas en su vida a través del poder del pensamiento, la palabra y las decisiones, irradiaba amor incondicional hacia todas las criaturas. Sembró la semilla de la esperanza y la caridad en los corazones de los habitantes del Reino Fungí. Al paso de los días, el aura[44] de amor, abundancia y paz de Matsutake se expandían por todo el reino, transformando corazones y mentes en luz divina. La comunidad florecía como nunca antes, rebosaban de armonía y serenidad.

Definitivamente el consejero Matsutake, se convirtió en un faro de luz[45] en medio de la oscuridad, recordando a todos los habitantes del reino, que en lo más profundo de sus corazones yace el brillo divino del amor, la abundancia y la paz que simplemente esperan ser brindada a sus semejantes.

---

[43] *El hongo de pino (matsu) (take). Seattle pi.*
[44] *Aura y Cuerpos Sutiles "Conecta con lo Invisible" Isabel Sánchez Rivera*
[45] *Personas faro: Son aquellas que con su presencia te llenan de energía y de luz. Igual que cuando hablamos de personas vitaminas o de personas tóxicas.*

2. Luz Cristata

En el mágico Reino Fungí, habitaba la princesa Cristata[46], a su corta edad descubrió el secreto más codiciado del Universo. Sabía que su cuerpo era luz [47]encarnado en un cuerpo físico. Aunque comprendía su esencia luminosa, Cristata también entendía la importancia de cuidar su entidad física con alimentos nutritivos, descanso adecuado y actividad física.

La princesa Cristata, se deleitaba explorando los bosques del reino, absorbiendo la energía de la naturaleza y compartiendo su luz con todas las criaturas que encontraba. Sin embargo, se dio cuenta que su cuerpo físico necesitaba cuidados para mantenerse dinámica y saludable. La princesa aprendió a equilibrar la naturaleza espiritual con las necesidades del cuerpo físico[48]. Su compromiso era consumir alimentos frescos, reposar lo suficiente cada día y mantener firmemente la responsabilidad de realizar ejercicios físicos, para mantener saludable el cuerpo y la mente.

En fin, Cristata se convirtió en un ejemplo hacia los habitantes del Reino Fungí, su avenencia entre el cuerpo y el espíritu, demostró que la naturaleza espiritual no significa descuidar el cuerpo físico, sino cuidarlo y honrarlo como un templo que alberga la luz interior.

---

[46] *Lepiota Cristata, no comestible, sospecha de toxicidad. https://micoex.org/2016/09/17/lepiota-cristata/*

[47] *"Tu Alma" es la visión consciente de aquel que sabiendo no sabe y sabe sin saber "Alma, verdad y propósito: Seres humanos de luz", de Leonor Mota.*

[48] *Para llegar a ser como nuestro Padre Celestial necesitamos un cuerpo físico; nuestros cuerpos son tan importantes que el Señor los llamó templos de Dios (1 Corintios 3:16–17; 6:19–20).*

3. Hábito Birnbaumii

En el perenne y extraordinario Reino Fungí, habitaba un siervo llamado Birnbaumii[49], respetado por su laboriosidad y curiosidad. Un día descubrió que algo faltaba en su vida ya que, hacia lo que quería, pero no tenía lo que quería.

Birnbaumii se adentró en el inmenso bosque, junto a una cascada de sueños se le apareció un ángel, para mostrarle el poder extraordinario que poseía en transformar sus acciones mediante hábitos arraigados en el subconsciente[50].

Inspirado por estas palabras, Birnbaumii decidió practicar el poder concedido, repitiendo una acción durante veinte y ocho días continuos, para impregnarla en el subconsciente y convertirla en un hábito perdurable. Cada día que pasaba, Birnbaumii sentía cómo la acción se volvía más natural y fluida. Sus energías ya no requerían de esfuerzo consciente; simplemente fluían de su ser con gracia y facilidad.

La transformación de Birnbaumii no pasó desapercibida en el Reino Fungí. Su ejemplo inspiró a otros a seguir sus pasos, propagando un aura de bondad y generosidad por todo el reino. La transformación demostró que, con determinación, perseverancia y compromiso firme, cualquier habitante puede cultivar hábitos que transformen su vida y el mundo que los rodea.

---

[49] Leucocoprinus Birnbaumii. https://lacasadelassetas.com/blog/leucocoprinus-birnbaumii-setas-amarillas-en-las-macetas/
[50] Cambios pequeños, resultados extraordinarios "Hábitos Atómicos" James Clear. el cambio real proviene del resultado de cientos de pequeñas decisiones.

4. Salto Cuántico de Involutus

En el misterioso Reino Fungí, transitaba una criatura fantástica conocida como el valiente caballero Involutus[51]. Este intrépido guerrero no solo era conocido por su destreza en el combate, sino también por su profundo conocimiento de artes espirituales y cuánticas.

Un día, mientras viajaba por el denso bosque, Involutus se encontró con un desafío que no podía enfrentar con su espada y armadura habitual, era un abismo imposible de cruzar. El guerrero para superar este obstáculo recurrió al conocimiento de artes cuánticas[52].

Involutus concentrando en su energía interior, comenzó a relajar su cuerpo mediante la técnica de respiración que había aprendido de los sabios del reino. Inhalaba profundamente, llenando sus pulmones con la energía vital del universo y exhalaba lentamente, liberando cualquier tensión o miedo que pudiera obstruir su camino.

A medida que Involutus se sumergía profundamente en la meditación, sintió una conexión con el tejido mismo del universo. Se dio cuenta de que el abismo frente a él no era solo una brecha física en el suelo, sino también una barrera en el tejido del espacio y el tiempo.

Con determinación inquebrantable, Involutus realizo el salto cuántico, visualizo en su mente, el otro lado del abismo se concentró en su energía y se atrevió a dar un paso adelante lanzándose al vacío. En ese momento, el tiempo pareció detenerse. Involutus sintió como si estuviera flotando en un mar de posibilidades infinitas, su cuerpo y su mente en perfecta armonía con el universo atravesó el abismo y emergió triunfante al otro lado.

El caballero realizo el salto cuántico, utilizando no solo la fuerza física, sino el poder interior y su conexión con el Universo. Desde ese día, todo el Reino Fungí conoció la reputación del guerrero incomparable que inspira a otros aventureros a dar un paso adelante.

---

[51] *Paxillus Involutus es un hongo venenoso. https://ultimate-mushroom.com/es/poisonous/216-paxillus-involutus.html*
[52] *Arte de la transformación cuántica: Arte terapéutico desde la reconexión con el amor en mente, cuerpo y espíritu. Laura Acero Hanford. "El dolor es parte de la vida, pero el sufrimiento solamente una opción. respeto mutuo y, especialmente, a uno mismo".*

5. Armonía de Coprinus

En el resplandeciente Reino Fungí, la magia y la naturaleza se concertaban en perfecta armonía. Allí vivía el príncipe Coprinus[53] heredero al trono. Sin embargo, el príncipe no se sentía satisfecho con la vida en el palacio real. En su corazón, había un profundo vacío y anhelaba un propósito más significativo para su existencia.

Una noche, desde el balcón acompañado por el concierto de las campanillas de viento contemplando las estrellas, el príncipe Coprinus paso a paso se sumergió en la meditación y la introspección[54] experimentando una revelación trascendental donde sintió que el Universo resonaba a su alrededor, llenándolo de una sensación de paz y plenitud.

Con el paso del tiempo, Coprinus comenzó a llenar el vacío con afirmaciones de gratitud y aprecio que surgían de su corazón inundado de alegría y abundancia. Aprendió a valorar cada momento de su vida, desde los diminutos detalles hasta las grandes bendiciones que lo rodeaban.

No fue difícil para el príncipe Coprinus, encontrar el verdadero propósito de su existencia, la cual no encuentra en la riqueza material o el poder terrenal, sino en la conexión con el Universo y la gratitud estupenda de la vida. Su historia en el Reino Fungí, se convirtió en un ejemplo de cómo vivir en armonía con el Universo[55].

---

[53] *Coprinus comatus. https://www.fungipedia.org/hongos/coprinus-comatus.html*

[54] *Meditaciones: Máximas de superación personal, introspección e ideas sobre la filosofía estoica, Marco Aurelio, su pensamiento abarca temas relativos al ser humano.*

[55] *"LA ARMONÍA EN EL UNIVERSO o LA CIENCIA EN LA TEODISEA" Juan Nepomuceno Adorno. Diálogo entre religión y ciencia.*

6. Gratitud de Coronilla

En el Reino Fungí, existía un extraordinario bosque allí moraba la Princesa Coronilla[56], quien se encontraba llena de preocupaciones por las tensiones y conflictos que surgían entre sus habitantes. Coronilla, acudió al sabio consejero Matsutake, cuya sabiduría era conocida en todo el reino. El consejero percibió la inquietud de la princesa y le habló del poder transformador que tiene la gratitud[57], la cual se manifiesta con un simple acto de expresar las gracias eso podía cambiar la perspectiva de los habitantes y crear un ambiente de cooperación y armonía.

El consejero Matsutake, enunció que la gratitud se encuentra en reconocer las bendiciones y los actos de bondad. Además, fortalecen los lazos entre los habitantes, como ser: el aprecio y la conexión con el mundo que los rodea. La princesa desde ese momento decidió poner en práctica la gratitud en cada uno de sus actos de bondad. Seguidamente anduvo por todo el reino y agradeció a cada habitante por sus subvenciones, de inmediato comenzó a percibir un ambiente de armonía en su entorno.

Desde entonces, la Princesa Coronilla y todos los habitantes del Reino Fungí, recuerdan

el poder de la gratitud y cultivan en sus corazones el valor de los breves momentos de bondad, juntos crearon un lugar de gracia en sus vidas y vivieron felices para siempre.

[56] Stropharia coronilla. https://www.plantasyhongos.es/herbarium/htm/Stropharia_coronilla.htm
[57] El Poder de la Gratitud: 7 Ejercicios Simples que van a cambiar tu vida a mejor - incluye un diario de gratitud de 90 días (Hábitos que cambiarán tu vida) Marc Reklau.

7. Creación de Cortinarius

Había una vez, un lugar de magia y sabiduría, donde florecían los hongos entrelazados de armonía con la naturaleza, en los densos campos del Reino Fungí, Allí vivía un Noble llamado Cortinarius[58]. El noble era conocido por su profundo entendimiento de crear cosmos con la ayuda y la venia de su Creador.

Un día el noble con voz suave y firme se dirigió a los habitantes del reino y les dijo: "Es cierto que todos somos productos de la creación, pero eso no significa que no tengamos capacidades para crear. De hecho, la creación está arraigada en nuestra esencia, como los mismos hongos que florecen en el suelo del bosque".

Los príncipes murmuraron y preguntaron existe alguna clave y el noble respondió "La clave para crear radica en la capacidad de imaginar y manifestar nuestras visiones[59] en el mundo que nos rodea. La creación no se trata de tener poder sobre la naturaleza, sino de trabajar en armonía con ella. Podemos crear belleza, bondad y amor en el mundo a través de nuestras palabras y acciones. Podemos crear comunidades fuertes y solidarias y un mundo más hermoso para las futuras generaciones".

El destello de la luna ilumino los príncipes que pronto se marcharon con la resonancia de las palabras del Noble en sus mentes. "Ustedes son seres que se les concedió la creatividad e inspiración[60] en conexión con la naturaleza y el creador". De pronto los príncipes comprendieron que, tenían la capacidad de crear un reino mágico y vivir felices por siempre.

---

[58] *Cortinarius violaceus. https://antropocene.it/es/2022/12/13/cortinarius-violaceus-3/*
[59] *Trazando Realidades: El Poder de la Imaginación para Manifestar tu Destino. la capacidad de imaginar y manifestar nuestra propia realidad.*
[60] *Por Revendisimo Alberto Rojas Los seres humanos somos personas espirituales por naturaleza. La creación de la raza humana es muy especial porque fuimos creados a imagen y semejanza de Dios.*

IV. Período giboso menguante del Reino Fungí

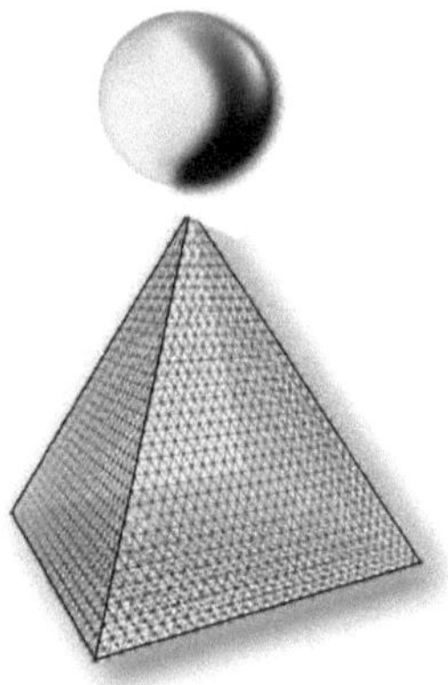

La vida parece retroceder cuando el giboso menguante se hace presente en el Reino Fungí. La luz da paso a la oscuridad y anuncia el final de un ciclo. Es el momento que los hongos se preparan para la introspección y reflexión sobre sus propias transformaciones internas y externas, contribuyendo al equilibrio del hábitat. Algunos entran en un estado de reposo o hibernación, mientras que otros redoblan sus esfuerzos, recolectando nutrientes y preparándose para la renovación de la vida.

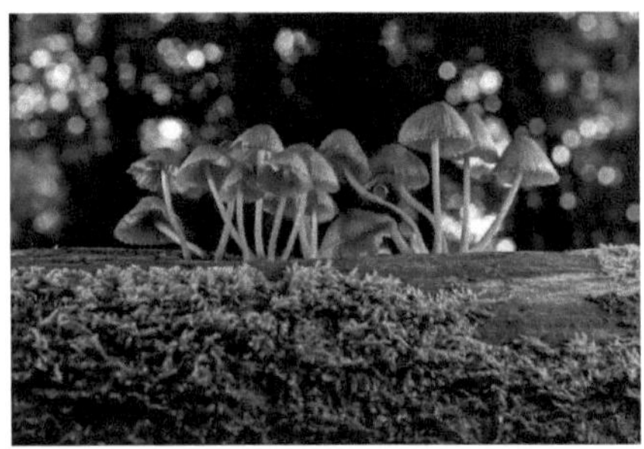

1. Duda Amanita

Había una vez en el Reino Fungí, un lugar mágico donde las setas y hongos florecían en abundancia. Allí, reinaba la esplendorosa Reina Amanita[61]. Un día del copioso invierno, la duda arraigó su corazón, oscureciendo la confianza en sí misma y su Creador.

Atormentada por la incertidumbre buscó al consejero Matsutake, quien irradiaba paz y serenidad. El consejero le habló a la Reina de la importancia de aceptar las emociones, incluyendo la duda como parte del ser natural. Le explicó que la duda no era un enemigo, sino una oportunidad para explorar intensamente y crecer en comprensión y confianza.

Al paso del tiempo, la Reina Amanita aprendió a superar la duda cultivando la confianza en su Creador y en sí misma. Se dio cuenta, que la duda era simplemente una señal del deseo para comprender las vicisitudes de la vida y aceptarla aportaba paz y fortaleza en todo su interior.

Así, la Reina Amanita demostró que la duda no es un obstáculo insuperable, sino una oportunidad hacia el crecimiento que fortalece la conexión entre el Creador y uno mismo. Con su ejemplo, inspiró a todos los habitantes del Reino Fungí a abrazar sus emociones y confiar en el poder de la duda[62], para superar cualquier obstáculo.

---

[61] *Amanita muscaria, http://www.medicinatradicionalmexicana.unam.mx/apmtm/termino.php?l=3&t=amanita-muscaria*
[62] *El quinto acuerdo Una guía práctica para la maestría personal. José Ruiz, Miguel Ruiz, Janet Mills. Constituye la experiencia literaria más mágica e intensa.*

2. Apegos de Colmenilla

En el Reino Fungí, la vida se entrelaza como una danza mágica de colores y texturas, allí mora la Princesa Colmenilla[63] que, a pesar de sus talentos y gracia se encontró en una encrucijada que no podía explicar por tal razón decidió buscar al consejero del reino, quien era conocido por su profunda comprensión de los grandes misterios del alma.

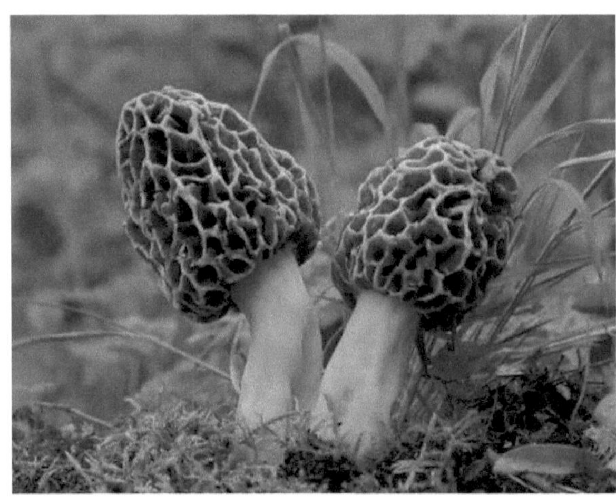

La princesa Colmenilla se dirigió al santuario, para manifestar su angustia al consejero. "Excelencia exclamo la princesa estoy atrapada por apegos[64] que impiden que mi luz brille". ¿Cómo puedo liberarme de las ataduras y dejar que mi espíritu vuele libremente?

El consejero respondió "Querida princesa, los apegos emiten frecuencias bajas que oscurecen el brillo de tu alma, para liberarte debes perdonar y abrir tu corazón a la luz". La princesa Colmenilla asintió con determinación, siguió el consejo del sabio y dejó ir las expectativas que otros habían puesto sobre ella, se liberó del miedo y comenzó a vibrar en frecuencias altas de libertad y paz en su corazón.

En poco tiempo la princesa Colmenilla, se convirtió en un faro de inspiración y sabiduría para el Reino Fungí, compartiendo con todos sus habitantes el poder transformador que tienen el perdón de soltar lo que no sirve y liberarse de las frecuencias bajas que pervierten el alma y obstaculizan el brillo de la luz divina que ilumina el camino de aquellos que buscan encontrar su verdadero ser.

---

[63] *Colmenilla Morchella deliciosa: Crece sobre todo en bosques de coníferas y suelos calcáreos.*
https://micologiaalbarracin.es/morchella-sp/

[64] *¿Cómo Lidiar con el Apego Emociona? Elimina el Ciclo de Dependencia Emocional" Benedict Willis.*

3. Tiempo del Reino Fungí

En la creación del Reino Fungí, las criaturas fueron hechas libres y dotadas de sabiduría. Sin embargo, el deseo y la curiosidad[65] insaciable los hizo perder la razón dejándose llevar por el dulce aroma del pansano, un fruto prohibido[66] que les abrió la mente a otras dimensiones[67], creando una licencia de discusiones sobre lo establecido dentro de la creación.

El Creador al saber que todos los hongos comieron del pansano estableció un límite a su rebelión la cual fue impuesta a todas las generaciones del bosque. Los habitantes del Reino Fungí, no podían evadir la orden del Creador, la cual consistía en contar el tiempo; dicha carga pesaría sobre todas las criaturas. Después de su rebelión los habitantes del Reino Fungí, poseían sabiduría y curiosidad, sin embargo, les era difícil contabilizar el tiempo[68]. Un día, un minúsculo grupo de hongos, quizás los más curiosos liderados por Teonanácatl[69]; inventaron el péndulo, para medir sus vidas y ver quién sería el primero en sucumbir ante la inevitable marcha del tiempo.

Desde aquella época, el Reino Fungí, celebra la fecha de nacimiento de cada criatura y día a día se escucha el tic tac del reloj, que resuena como un recordatorio constante del tiempo hacia el destino final de la vida.

---

[65] *Una Historia Natural de la Curiosidad, Alberto Manguel " Tengo curiosidad por la curiosidad"*

[66] *El Fruto Prohibido de James Hadley Chase.*

[67] *Las Dimensiones de la Persona; Tomas Melendo "Temas como la libertad, la corporalidad, la intimidad, la relación con los demás y con Dios"*

[68] *Magnitud física que permite ordenar la secuencia de los sucesos, RAE.*

[69] *Hongo de dios, una relación divina de los aztecas.*

4. El peso del pasado

En el interior del Reino Fungí, hay un majestuoso palacio, allí mora su majestad el Rey Champiñón quien se hace acompañar en su reino por el concejero Matsutake. En una placentera conversación el rey manifestó al consejero que se encontraba abrumado por el peso del pasado y las creencias que lo ataban. Con voz serena y sabia, el consejero compartió con el rey las siguientes reflexiones:

"Oh, Majestad, libérate del peso del pasado[70], soltando las creencias que ya no te sirven y déjalas caer como hojas en otoño, para hacer espacio a nuevas experiencias".

"Consciente de tu valor, siembra la semilla[71] en tu corazón y considera tu capacidad para enfrentar desafíos y gobernar con habilidad".

"La valentía es tu mayor tesoro. Toma un momento en reconocer los valores que posees y esa fuerza que reside en lo más profundo de tu ser allí encontrarás la verdadera esencia de quién eres". "Cada paso que des, hazlo con firmeza que el Creador del Universo guía tus decisiones y acciones". Es la única forma de percibir la transformación de tu realidad.

"Nunca olvides que la luz divina[72] reside en tu coincidencia, permítele brillar con fuerza para que ilumine tu camino en el inmenso valle de sombras".

El Rey Champiñón escuchó atentamente las palabras del consejero Matsutake y se comprometió a soltar el pasado que lo limito a conocer la verdad y se dispuso abrazar el futuro lleno de luz, para vivir plenamente feliz.

---

[70] *El pasado es un peso y si te apegas no podrás moverte ni un centímetro. EL PESO DEL PASADO de Colin Harrison*
[71] *La semilla es la palabra de Dios, Lucas 8:11, Reina-Valera 1960.*
[72] *La Luz Divina que Ilumina los Corazones de Matilde de Magdeburgo.*

5. Raíces de Parasol

En el admirable Reino Fungí, donde los hongos crecen altos y los bosques son vastos y frondosos, allí reside el Maestro Parasol[73], concejero del rey quien enseña a los príncipes la naturaleza de la fuerza y la felicidad.

Un grandioso día, reunió a los príncipes del reino en el corazón del bosque, rodeados por los arcaicos guardianes que se alzaban al cielo. Señalando sus troncos, el Maestro les dijo: "La fuerza no reside en la altura, ni en la fortaleza de sus ramas, sino en la profundidad de sus raíces[74]". Así como los árboles encuentran su fuerza en la tierra, nosotros la encontramos en lo más profundo de nuestro interior. Las raíces espirituales son la base de la fortaleza y la felicidad.

Los príncipes se miraron entre sí, intrigados por las palabras del Maestro Parasol quien lanzo un reto diciendo ¿Queréis ser fuertes y saludables? Pues deberéis alimentar vuestras raíces espirituales a través de las acciones, bondad y conocimiento ABC[75]. Solamente así tendréis raíces inamovibles que sostengan sus vidas frente a los vientos y tormentas de infortunio.

Los príncipes entendidos, absorbieron las palabras del Maestro y comprendieron que la verdadera fuerza y felicidad no proviene de la riqueza material o de poderes externos, sino de la riqueza espiritual que reside dentro de cada uno de ellos. Así los príncipes trasmiten a las nuevas generaciones el fortalecimiento de las raíces espirituales que nutren el alma y sostienen firmemente sus vidas.

---

[73] *Macrolepiota procera: https://vivelanaturaleza.com/setas-hongos/macrolepiota-procera-parasol/*
[74] *"Las raíces representan un hogar verdadero". El Principito, Antoine de Saint-Exupéry.*
[75] *"La fórmula del valor humano". Volar sobre un Pantano, Carlos Cuauhtémoc Sánchez.*

6. La imaginación de Shimeji

En el vasto y misterioso Reino Fungí, donde los bosques susurran secretos antiguos y las setas brillan como joyas en el suelo del bosque, allí vivía el Maestro Shimeji[76]. Un sabio reverenciado en todo el reino por su profunda comprensión de la imaginación, la realidad[77] y su entorno.

En una fresca mañana, el Maestro habló a los príncipes, cómo la imaginación podía crear mundos enteros dentro de nuestras mentes y cómo estos mundos podían influir en la realidad que percibimos. También les hablo de fenómenos misteriosos que despiertan la curiosidad sobre la naturaleza y la percepción del tiempo.

De pronto el Príncipe Porcini dijo al maestro, "He caminado por un sendero por primera vez y de repente sentí que ya había vivido ese momento antes (Deja-vu)". [78]El Maestro Shimeji, "explicó" fue tu mente conectando dos momentos aparentemente separados por el tiempo. "La imaginación en su vasta sabiduría, puede jugar trucos con nuestras percepciones, haciendo que un momento parezca familiar incluso si nunca antes lo hemos experimentado". Los Príncipes comprendieron que la imaginación es una fuerza poderosa que podía desafiar las fronteras del tiempo y la realidad. Además, distinguieron que un deja-vu es simplemente una indicación de la riqueza y la complejidad de la mente humana.

En la puesta del sol del Reino Fungí, los príncipes se marcharon a sus moradas, llevando consigo la lección sobre la imaginación y la realidad. Al borde del tiempo el Maestro Shimeji, continuó guiando los príncipes por el camino de la comprensión profunda del ser y el mundo que los rodea.

---

[76] *Shimeji (Hypsizygus Marmoreus/Tessulatus). https://setasyhongosdelsur.com/shimeji-hypsizygus-marmoreus-tessulatus*
[77] *"La Imaginación Creativa: Cambia tu Realidad con el Poder de la Imaginación" Neville Goddard*
[78] *El sentido de búsqueda es una actitud profundamente humana. Aún sin saberlo, todos buscamos algo, significa estar vivos, significa no renunciar a la vida, aferrarse porfiadamente a ella. "Deja Vú" Cristina de los Reyes.*

7. Dimensiones Gyromitra

En el extraordinario Reino Fungí, donde los hongos resplandecen con luz propia, allí se encontraba la Emperatriz Gyromitra[79], su sabiduría trascendía fuera del límite del tiempo y el espacio. Tranquila bajo la sombra del árbol de la vida[80], exploraba el misterio de la cuarta dimensión[81].

La emperatriz, observó cómo las sombras proyectadas en el suelo del bosque reflejaban la realidad de la segunda dimensión. La cual se manifiesta en un plano bidimensional, en su hábitat donde la altura y la profundidad se reducen a líneas y formas simples. Sin preámbulos se dio cuenta que podía moverse hacia adelante, atrás, arriba y abajo o de un lado para otro lado. Explorando la naturaleza de formas y texturas que la rodeaban a ese espacio le llamo plano tridimensional físico o tercera dimensión.

Sin embargo, Gyromitra quería experimentar el misterio de la cuarta dimensión la cual yace más allá de los sentidos ordinarios que percibe el aspecto físico. Observó el constante movimiento del rio y rápido descubrió que había una diferencia entre el pasado y el futuro mientras cada momento del presente se desvanecía en el flujo eterno. La emperatriz, comprendió que la cuarta dimensión es el tiempo, que se extiende en todas direcciones y más allá del pasado, presente y futuro. En la cuarta dimensión, todo existe simultáneamente y cada momento está conectado de manera que va más allá de la percepción lineal del tiempo.

En la puesta del sol del Reino Fungí, la Emperatriz escribió "La cuarta dimensión espiritual hace referencia al estado libre de la conciencia". Los habitantes del reino junto a la Emperatriz iniciaron el viaje sin retorno de la compresión profunda del universo y de sí mismos, creciendo y viviendo felices para siempre.

---

[79] *Gyromitra esculenta, hongo bonete, también llamado falsa colmenilla, una seta tóxica.*
https://lacasadelassetas.com/blog/gyromitra-esculenta-el-intrigante-hongo-bonete/
[80] *Las funciones del Árbol de la Vida en nuestro tiempo, tanto en el mundo físico como en el espiritual. "ARBOL DE LA VIDA" ZEN BEN SHIMON HALEVI.*
[81] *Genesis 2:7 Entonces Jehová Dios formó al hombre del polvo de la tierra y sopló en su nariz aliento de vida y fue el hombre un ser viviente. "Cuarta Dimensión" David Yonggi Cho.*

Palabras de búsqueda

Armonía, bosque, creador, fungí, hongos, habitantes, naturaleza, luz, poder, reino, sabiduría, ser, tiempo, universo, vida.

Agradecimiento

En nombre del extraordinario Reino Fungí, agradezco profundamente que hayas sido parte del viaje hacia el descubrimiento del propósito de tu existencia a través de este texto de crecimiento espiritual. Que las enseñanzas misteriosas compartidas en cada uno de los cuentos sean una guía en tu camino hacia la realización personal y la conexión con el creador.

Nota: Las imágenes fueron tomadas del dominio público y verificadas con PictureThis. Los hongos descritos en este texto pueden no ser seguros para el consumo; fueron tomados como símbolo de inspiración literaria y en conexión metafórica con el argumento del personaje del cuento.

Tegucigalpa, Honduras-2024

Sugerencias y recomendaciones

Norman Alexis Colindres Pinoth, Tegucigalpa, Honduras Centroamérica, email; colin360grados@gmail.com, alexalcol@icloud.com, Teléfono +50495162270. Será de mucho apoyo recibir su aporte sobre la creación espiritual del reino fungí.

Biografía

 **Norman Alexis Colindres Pinoth**, es originario de las pampas olanchanas en Honduras, Centroamérica. Posee una profunda conexión con la naturaleza y apego a la espiritualidad, ha explorado conceptos místicos y espirituales, en particular; el Reino Fungí.

Realizó estudios superiores en la Universidad Nacional Autónoma de Honduras (UNAH), donde desarrolló un fuerte sentido de disciplina y dedicación. Su pasión por la lectura y el estudio de temas espirituales lo llevó a una comprensión profunda de la relación de universo, naturaleza y el ser humano.

Inspirado en el crecimiento espiritual, redactó una serie de pinceladas centradas en los **Cuentos de la Creación Espiritual del Reino Fungí.** En cada fragmento se explora los ciclos misteriosos de la luna y el sagrado tetraedro como símbolo de perfección y espiritualidad. Su obra destaca riqueza en cuentos que evocan conexión profunda con el creador, los seres vivos y el medio ambiente.

Printed by Books on Demand GmbH, Norderstedt / Germany